筑境

中国精致建筑100

1 建筑思想

风水与建筑
礼制与建筑
象征与建筑
龙文化与建筑

2 建筑元素

屋顶
门
窗
脊饰
斗栱
台基
中国传统家具
建筑琉璃
江南包袱彩画

3 宫殿建筑

北京故宫
沈阳故宫

4 礼制建筑

北京天坛
泰山岱庙
闾山北镇庙
东山关帝庙
文庙建筑
龙母祖庙
解州关帝庙
广州南海神庙
徽州祠堂

5 宗教建筑

普陀山佛寺
江陵三观
武当山道教宫观
九华山寺庙建筑
天龙山石窟
云冈石窟
青海同仁藏传佛教寺院
承德外八庙
朔州古刹崇福寺
大同华严寺
晋阳佛寺
北岳恒山与悬空寺
晋祠
云南傣族寺院与佛塔
佛塔与塔刹
青海瞿昙寺
千山寺观
藏传佛塔与寺庙建筑装饰
泉州开元寺
广州光孝寺
五台山佛光寺
五台山显通寺

6 古城镇

中国古城
宋城赣州
古城平遥
凤凰古城
古城常熟
古城泉州
越中建筑
蓬莱水城
明代沿海抗倭城堡
赵家堡
周庄
鼓浪屿
浙西南古镇廿八都

筑境

中国精致建筑100

承德避暑山庄

傅清远 撰文/摄影

中国建筑工业出版社

出版说明

中国是一个地大物博、历史悠久的文明古国。自历史的脚步迈入新世纪大门以来，她越来越成为世人瞩目的焦点，正不断向世人绽放她历史上曾具有的魅力和光辉异彩。当代中国的经济腾飞、古代中国的文化瑰宝，都已成了世人热衷研究和深入了解的课题。

作为国家级科技出版单位——中国建筑工业出版社60年来始终以弘扬和传承中华民族优秀的建筑文化，推动和传播中国建筑技术进步与发展，向世界介绍和展示中国从古至今的建设成就为己任，并用行动践行着“弘扬中华文化，增强中华文化国际影响力”的使命。从20世纪80年代开始，中国建筑工业出版社就非常重视与海内外同仁进行建筑文化交流与合作，并策划、组织编撰、出版了一系列反映我中华传统建筑风貌的学术画册和学术著作，并在海内外产生了重大影响。

“中国精致建筑100”是中国建筑工业出版社与台湾锦绣出版事业股份有限公司策划，由中国建筑工业出版社组织国内百余位专家学者和摄影专家不惮繁杂，对遍布全国有历史意义的、有代表性的传统建筑进行认真考察和潜心研究，并按建筑思想、建筑元素、宫殿建筑、礼制建筑、宗教建筑、古城镇、古村落、民居建筑、陵墓建筑、园林建筑、书院与会馆等建筑专题与类别，历经数年系统科学地梳理、编撰而成。本套图书按专题分册，就其历史背景、建筑风格、建筑特征、建筑文化，结合精美图照和线图撰写。全套100册、文约200万字、图照6000余幅。

这套图书内容精练、文字通俗、图文并茂、设计考究，是适合海内外读者轻松阅读、便于携带的专业与文化并蓄的普及性读物。目的是让更多的热爱中华文化的人，更全面地欣赏和认识中国传统建筑特有的丰姿、独特的设计手法、精湛的建造技艺，及其绝妙的细部处理，并为世界建筑界记录下可资回味的建筑文化遗产，为海内外读者打开一扇建筑知识和艺术的大门。

这套图书将以中、英文两种文版推出，可供广大中外古建筑之研究者、爱好者、旅游者阅读和珍藏。

目录

承德避暑山庄

避暑山庄是中国现存最大的皇家园林，始建于康熙四十二年（1703年），定名为热河行宫。始建八年后，由康熙皇帝亲题镏金铜字匾，改名为“避暑山庄”。

纵观中国园林的发展，清代康、乾盛世是古代兴建园林的最终高潮。避暑山庄皇家园林的兴建，又是这个最终高潮的顶峰。避暑山庄在众多的清代内廷宫苑、离宫别苑和私家园林之中，以其独特的环境、天然的山水和博采众家之长而独树一帜。清王朝建立以来，中国统一的多民族国家得到了进一步巩固，史称“热河”的承德，以它的重要地理位置和得天独厚的山水奇观，赢得了康熙皇帝的赞赏。在89年的营造中，顺应自然，于奇山胜景之中移天缩地，得景随机，巧于因借，鉴奢尚林，以人为之美入天然，以清幽之趣融殿亭。素雅、朴茂、野奇为避暑山庄之独特格调。在建筑布局上，山庄又系宫、苑为一体。“宫”为理政之地，“苑”为之“扶养精力”、“怀柔、肄武、会嘉宾”之所。在建造风格上，避暑山庄以它融南北造园风格于一炉而著称为东方建筑名珠。除此之外，避暑山庄还以它作为处理清代民族问题最为妥善、备边固疆最为成功而被后人称之为清代的第二个政治中心。

图0-1 “避暑山庄”镏金铜字匾

康熙五十年（1711年），由康熙皇帝亲题并悬挂于避暑山庄正宫区的内午朝门。

一、巡幸固疆，兴建避暑山庄

清朝为实现国家的统一进行了长达70年的战争，但统一得以巩固和长久并非仅仅依靠战争所能获得。在战争即将结束之际，清朝就制定了行之有效的民族政策。使各少数民族团结在清政府周围，出现了长期和睦共处与交流互市之安定局面。就在康、乾盛世统一中国的过程中，木兰围场和避暑山庄开始建造。康熙皇帝于康熙四十二年（1703年）创建的“热河行宫”（后称“避暑山庄”），是他多次北巡极其成功的北疆政策的产物，既与民族习俗有关，也是当时国家安定强盛之象征。

图1-1 木兰秋狝图

1681—1820年间的139年中，康熙、乾隆、嘉庆三朝共举行木兰秋狝98次，把“围猎以讲武事，必不可废”定为家法。避暑山庄就是从木兰秋狝所建沿途行宫的基础上发展起来的。

图1-2 三十六景图

康熙五十年（1711年），避暑山庄在热河行宫的基础上初具规模，宫廷画师冷枚画康熙三十六景图（北京故宫博物院藏画）。

康熙亲政不久，即于康熙十二年（1673年）冬，爆发了以平西王吴三桂为首的三藩叛乱。战争涉及了大半个中国。康熙十四年又爆发了察哈尔亲王布尔尼的叛乱。康熙十六年（1677年）北方厄鲁特蒙古准噶尔部兼并青海和硕特部，并攻取天山南路“回部”各域，西侵哈萨克、布鲁特等地，东掠哈密和吐鲁番，控制了河西走廊西部。康熙皇帝在平定三藩战事之初，即着手考虑在古北口外设立围场，其目的是将巡幸围猎与北巡练兵和处理民族事务相结合。康熙二十年（1681年）玄烨亲自巡视并派员详细勘测，在翁牛特旗和喀喇沁旗的牧地内，划出了南北200余里，东西300余里的地域设置“木兰围场”。并使用临时搭设的蒙古包驻跸行辕。其中最大者为黄幄大帐，其外围以幔幄，颇为壮观。康熙四十年（1701年），北方形势全面稳定，嚣张一时的噶尔丹已被消灭，康熙皇帝开始筹划在“木兰围场”附近蒙古地域的口外，选址兴建行宫。最后因热河上营风景优美，蔚然深秀，加之距京师很近，往返不过两日，政事、奏章可朝发夕至，与宫中无异，遂被选中。

图1–3 丽正门

乾隆继位后增建的丽正门。

图1-4 下马碑/上图
丽正门两侧的下马碑：“官员人等至此下马”。

图1-5 青铜狮子/下图
正宫区内午朝门前的青铜狮子。

康熙四十二年（1703年）正式动工兴建，至康熙四十七年（1708年），山庄已初具规模。从这年起定名为“热河行宫”。康熙四十八年（1709年）以后，除在湖区和山区新建些景点外，重点开辟了东湖区和修建了正宫区。至康熙五十年（1711年）正宫区建好后，康熙皇帝亲题“避暑山庄”匾额，悬挂于内午朝门上方。并将重要景点以四字题名，组成避暑山庄康熙三十六景，计有：烟波致爽、芝径云堤、无暑清凉、延熏山馆、水芳岩秀、万壑松风、松鹤清樾、云山胜地、四面云山、北枕双峰、西岭晨霞、锤峰落照、南山积雪、梨花伴月、曲水荷香、风泉清听、濠濮间想、天宇咸畅、暖流暄波、泉源石壁、青枫绿屿、莺啭乔木、香远益清、金莲映日、远近泉声、云帆月舫、芳渚临流、云容水态、澄泉绕石、澄波叠翠、石矶观鱼、镜水云岑、双湖夹镜、长虹饮练、甫田丛樾、水流云在。自此，热河行宫改称“避暑山庄”。康熙在避暑行围之际，每年在此接见宴赏大批蒙古王公、宗教界首领，对沟通民族感情、了解边疆情况，继续完善民族宗教政策，巩固北疆乃至全国的安定局面均十分有利。在兴建避暑山庄时，不仅营造了宏大的建筑环境，同时在象征中国地形版图的山庄内还引进了农作物、花卉和动植物。如旱御稻、乌喇产的白粟、兴安产的草荔枝、山西五台的金莲花、敖汉旗的荷花等，还在山庄的万树园东南部辟御瓜园，造成田园风光气氛。

图1-6 坦坦荡荡门
避暑山庄正宫区西北的坦坦荡荡门。

乾隆时期，山庄的营建又分两个阶段。从乾隆六年（1741年）至乾隆十九年（1754年）在维修原有建筑同时，改建了如意洲上的几组建筑，组建正宫区，新建丽正门等十组建筑。此时，乾隆亦仿其祖父选其精华以三字又题三十六景且御题三十六景诗。乾隆三十六景之中有康熙早已题名的十六景：水心榭、颐志堂、畅远台、静好堂、观莲所、清晖亭、般若相、沧浪屿、一片云、苹香泮、翠云岩、临芳墅、涌翠岩、素尚斋、永恬居、如意湖。经乾隆改建易名或增题的十景：采菱渡、澄观斋、凌太虚、宁静斋、玉琴轩、绮望楼、罨画窗、万树园、试马埭、驯鹿坡。

乾隆新增建并题名的十景：丽正门、勤政殿、松鹤斋、青雀舫、冷香亭、嘉树轩、乐成阁、宿云檐、千尺雪、知鱼矶。从乾隆二十年（1755年）至乾隆五十五年

图1-7 绮望楼
坦坦荡荡北侧的绮望楼。

图1-8 避暑山庄湖区远眺/对面页

（1790年）主要兴建了外八庙，山庄内重点建造了山区的寺庙及景点。先后建有珠源寺、水月庵、碧峰寺、旃檀林、鹫云寺、斗姥阁、广元宫、山近轩、文津阁、灵泽龙王庙。湖区新建了烟雨楼、文园狮子林、戒得堂等。但此时就其建筑风格而言，已离开了康熙时所规定的“楹宇守朴”、“宁拙舍巧”的造园原则，出现了华丽、烦琐和追求气势的“王气”建造思路。建筑材料已使用了金、玉及金丝楠木等名贵材料。自山庄建造之日起，北巡、习武围猎、驻跸山庄、处理国务已成定制。康熙皇帝在位六十一年，共北巡驻跸避暑山庄达34次。乾隆皇帝驻跸山庄也多达51次，从乾隆六年开始，至乾隆五十六年几乎每年都要北巡、木兰秋狝，驻跸山庄多达1069天。木兰围场和避暑山庄的创建，如同承德外八庙一样是康熙和乾隆两位皇帝留给中国重要的建筑遗产。

二、得益自然，钦定营造方略

图2-1 群山环抱的避暑山庄

图2-2 冬不结冰达方圆数亩之广的热河泉/对面页

热河地区向为荒僻之地，正如康熙、乾隆二帝所说：“夫热河，因自由关塞以外荒略之区也”，“三皇不治、五帝不服”，“虽金、辽有兴州之称，然旋举旋废，建置沿革率不可考。”正是这块从来不名史志经传之地，却具有一种钟灵毓秀的天然魅力，从而被康熙皇帝相中。从大的自然环境看，木兰围场的自然条件特别好。大兴安岭南端高耸于围场北部，挡住了寒流对其南部丘陵地带的袭侵，使得气候湿润，冬暖夏凉，森林茂密，动物繁多，既是天然的猎场，又是理想的避暑之地。另外，这里“地当蒙古诸部道里之中”，又是北京通往内蒙古、喀尔喀蒙古及东北吉林、黑龙江的重要通道，具有极为重要的战略地位。康熙不仅经常亲自率军来此行围，确立蒙古各部首领随围的“围班制度”，而且从康熙二十二年（1683年）起，每年征调八旗护军、骁骑12000人，于三月、十月、十二月分三批去该地围猎习武。一年四季总有大批军队

熱河泉

图2-3 宫墙/前页
蜿蜒10公里的避暑山庄宫墙。它象征着中国的万里长城。

轮流在此操练，这对侵扰势力及离心倾向都产生了一定的威慑作用。从小的自然环境上看，山庄所在之地居群山环抱之中，偎武烈河穿流之滨，是一个Y形河谷中崛起的一片山林之地。《尔雅·释山》中讲，“大山宫、小山霍”。“宫”即围绕屏障；小山在中，大山在外围绕者称“霍”。山庄兼有“宫”、“霍”之形胜。且北有燕山余脉之金山层峦叠翠作为天然屏障（如明北京城造景山实为皇城之屏障），东有形状如棒槌的磬锤山毗邻相望，南可远眺僧帽峰，鸡冠峰交错南去，西有广仁岭耸峙，武烈河自东北折而南流，狮子岭在北麓横贯东西，从而使这块山林之地有“独立端岩”之感。众山周环又呈奔趋之势，有如众山辅弼，拱揖于君王左右，并为日后营建外八庙，使与山庄有“众星拱月”之势创造了相当优越的自然条件。这块得益自然之地，正符合“普天之下，莫非王土”、“四方朝揖，众象所归”、“恬天下之美，藏古今之胜”的帝王心理。另外，山庄所在之地的地形和自然环境犹如中国地形版图之缩影：西北多高山峡谷；中部一派草原，地平草茂；东南一展水乡之貌，稍加整理，即为洲岛错落、湖水交映，实属土肥水甘，泉清峰秀。中国造园艺术之手法尽可在此得以展示。更为可贵的是，山庄之东有一温泉，古称“热河”，冬不结冰达方圆数亩之广，夏季清凉，清晨水雾蒸腾。武烈河于山庄之东，由北向南还可行舟。山庄内大小湖面广布泉眼，造就了山庄“三庚无暑，六月生风，地脉宜谷，气清少病”的小气候。而居中的大岛如意洲，又地处山庄山区三条大的山谷

图2-4 避暑山庄湖区鸟瞰/上图

山庄的湖区由如意湖、澄湖、上湖、下湖、银湖、镜湖组成。洲岛错落、湖水交映，一派江南水乡的避暑山庄湖区。

图2-5 避暑山庄湖区景色/下图

湖面由许多洲岛堤桥分隔，景色似断似续，优美宜人。沿湖分布有20余处建筑景点，是帝后经常游玩休息的地方。（程里尧 摄）

的山风出口交会处，即使盛夏，也可谓“无暑清凉”。从政治上考虑，在此凉爽之地召见没有出过天花的塞外少数民族上层人物也极为合适。综合考虑便更加坚定了康熙皇帝在此营造规模宏大的皇家苑囿的决心。于是在康熙四十二年（1703年）“垒石缭垣、上加雉堞、如紫禁之制”，“鸠工此地，建茅茨土阶，不彩不画”，钦定了以朴素、淡雅之建筑融于自然山水之中的营建思想原则。

三、构园得体，立意集锦布局

图3-1 卷阿胜境殿/上图
远借奇山“僧帽峰”的卷阿胜境殿。

图3-2 金山/中图
金山是在上湖与澄湖之间东岸的一个小岛，其建筑布局模仿镇江金山江天寺——以建筑包裹山头层层递升的意趣。

图3-3 远望金山/下图
金山山顶建阁，八角三层，名“上帝阁”，俗称“金山亭”，阁中供奉真武帝和玉皇大帝。登阁可纵览湖山胜概。阁前下方是天宇咸畅殿，再下是镜水云岑殿，可经环山曲廊下至门殿，最下至湖滨有登舟小码头。（程里尧 摄）

图3-4 烟雨楼
仿嘉兴南湖烟雨楼的避暑山庄烟雨楼。

避暑山庄的营造，在相地选址、营造方略和设计构思都具有当时其他皇家园林无可比拟的特色。山庄的擘画无论在地形的凭借、突显，或是在比拟、影射上都把握住了其典型的风景性格。如取山仿泰山、理水仿江南、借芳甸作蒙古风光。再把形式得体的建筑置于山水及草原之中，使建筑与自然融为一体，并充分展示其可观、可居、可游、可思的独特园林风貌。在造园手法上采用了得景随机、巧于因借，例如借高远山景、借俯仰水影、借鸟语花香、借松涛泉鸣。在建筑色彩上以淡雅为基调，在体量上以小式卷棚布瓦建筑为基型。在总体布局上采用集锦式，移天缩她，写仿天下名园胜景。

山庄主要由两部分组成，即宫殿区和苑景区。苑景区又分为湖区、平原区和山区，在步移景异的自然环境中，建有亭、台、楼、阁，配以融南北手法的叠石、理水和植物，充分展示出山庄园林艺术的魅力。

康、乾二帝数次下江南，看到称心的风景名胜，便命随侍的画师摹写作画，回宫后再仿江南景色于京都诸苑之中。山庄内数百座建筑群体，散建于山水间，可谓展示了在皇家园林内缩写我国江南名园大手笔。就湖区而言，这里有仿苏州狮子林的“文园狮子林”，仿镇

图3-5 曲水荷香亭

仿浙江绍兴兰亭的曲水荷香亭。该亭系避暑山庄内建筑规模最大，且由十六根柱基础不在一个平面之上的四角攒尖重檐布瓦亭。

江金山寺的“金山”，仿嘉兴南湖烟雨楼的“烟雨楼”，仿浙江宁波范氏天一阁的“文津阁”，仿南京报恩寺和杭州六和塔的永佑寺“舍利塔”，仿杭州苏堤的“芝径云堤”，仿绍兴兰亭的“曲水荷香亭”等。在山区布建景点最为集中的松云峡内，则有明显摹写泰山之意匠。在北京“三山五园”中未实现的这个愿望，却在避暑山庄的山区得以实现。当年以巨大人力物力所建造的“广元宫”即仿泰山“碧霞元君祠”、“斗姥阁”，或泰山“斗母宫”；“玉岑精舍”可联想到武夷“九曲阿”；“远近泉声”的泉和峰，令人联想到杭州的虎跑、济南的趵突和庐山的香炉峰，故有“泉堪傲虎跑，峰得号香炉”的诗句。现已修复的“长虹饮练”长桥暗合“武夷帐幄列云崖，为有虹桥可作阶”之意。集天下名园名景于山庄以象征祖国山川名胜的做法，是避暑山庄十分突出的特征。

图3-6 芳渚临流亭/上图
仿太湖鼋头渚的芳渚临流亭。

图3-7 内湖长桥/下图
山庄内最长石桥——内湖长桥，有诗：
“武夷帐幄列云崖，为有虹桥可作阶”。

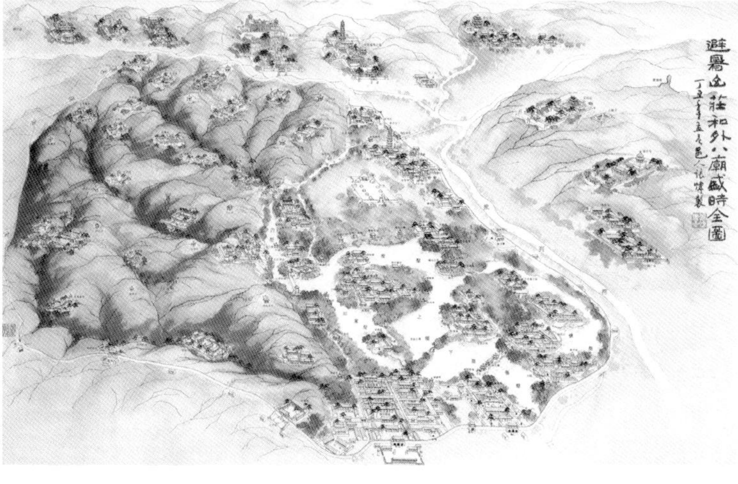

图3-8 永佑寺遗址/上图

仿南京报恩寺塔和杭州六和塔而建的永佑寺舍利塔及永佑寺建筑遗址。

图3-9 避暑山庄全貌复原图/下图

康、乾盛世时的体现集锦布局和中国版图缩影的避暑山庄全貌复原图。

四、澹泊九重，楠木大殿为尊

避暑山庄建造初期，以湖区内最大之岛“如意洲”为中心。理政的宫殿和后妃皇室之寝室均建在一起，亦属前宫后寝之制。但其规制仅为三进四合院之殿座，与京城皇宫九重规制相差甚大。乾隆继位后，由于其父皇雍正时国家财力累有积蓄，加之乾隆本人的皇权意识，遂扩建山庄。在康熙皇帝已修建的正宫区南面扩建城墙，营建山庄的正门——丽正门，并在门上正中用满、汉、蒙古、藏、维吾尔五种文字题刻门额。建造了以东宫清音阁大戏楼和处理政务的勤政殿为主体的东宫区，并为其母后建寝宫松鹤斋，从而形成了完整的宫殿区。

正宫区分前朝后寝两部分。前朝部分主要由宫门、澹泊敬诚殿、四知书屋和万岁照房组成；后寝部分主要有寝宫烟波致爽、云山胜地及东、西所。前宫后寝整体呈轴线对称式建筑布局。前宫以仪松布列。后寝以叠石、花木相配置，两相对比，以示差异。

正宫区的主殿澹泊敬诚殿为大式单檐歇山布瓦顶，七开间环廊。柱顶、压面石和踏步石均为当地所产英武石。大殿台基的四角以北方黑石叠石护脚，外观十分古朴素雅，与北京宫殿大异其趣。在殿前院落中的“仪松”和海墁方砖的映衬下，透露出园林主人“宁拙舍巧”的设计构思。该殿前檐悬挂金漆黑字浮雕云龙长匾，上刻乾隆退居太上皇后书成的长诗，抒发“今居太上耀辉光”的心情。殿内正中悬挂蓝地黑字浮龙边框的康熙手书“澹泊敬诚”

图4-1 澹泊敬诚殿内陈设/上图
楠木殿内的地屏、宝座及陈设。

图4-2 金丝楠木隔扇/右图
楠木殿内金丝楠木隔扇，用深雕烫蜡做成的五蝠捧寿图案。

图4-4 澹泊敬诚殿立面图

图4-3 澹泊敬诚殿

以金丝楠木改建的避暑山庄正宫区主殿澹泊敬诚殿。每逢阴雨天气，满殿散发出楠木幽香。该殿的功能同于北京故宫太和殿，是举行重大庆典和接见重臣及外国使节的地方。

图4-5 乐亭
此亭系正宫区举行重大活动时演奏宫廷音乐的地方。

匾。其意取自诸葛亮《诫子书》“非澹泊无以明志，非宁静无以致远”之意。明间匾下为一紫檀地坪，坪上北向置一五扇紫檀屏风，雕以“耕织图”，以体现康熙皇帝在避暑山庄诗谓“人召之奉取之于民”之意。屏风前设紫檀宝座。东西两侧间的墙前置32个楠木书格，内贮《古今图书集成》一部。大殿内具有浓郁的文化氛围。该殿于乾隆十九年以楠木改建，故俗称楠木殿。前檐通天隔扇门的裙板，深雕五蝠捧寿图，殿内天花亦为相同图案，楠木精雕烫蜡，散发着浓郁的清香。殿内及廊部地面铺墁厚达10厘米余的天然大理石地面。澹泊敬诚殿是举行重大庆典活动之地，其功能同于故宫太和殿，是避暑山庄的中心，也是体现皇权之地。当年乾隆皇帝接见厄鲁特蒙古杜尔伯特台吉策凌、策凌乌巴什、策凌孟克，从伏尔加河回归祖国的土尔扈特部首领渥巴锡，西藏政教

图4-6 四知书屋

澹泊敬诚殿以北，取于《易经》“君子知微、知彰、知柔、知刚、万物之望”而定名的四知书屋。此五开间前后廊卷棚硬山殿座，系皇帝接见近臣和议事、休息的地方。

首领六世班禅额尔德尼大师等重大活动均在此举行。该殿内无任何分割，建筑及室内装修完全服从于使用功能。

殿后为四知书屋，“四知”取自《易经·系辞》“知柔、知刚、知微、知彰”之意。该殿面阔五间，前后廊，硬山布瓦顶，是皇帝接见近臣和议事休息之所。其明间作前后隔扇门，为皇帝通行之用。四知书屋北有一字通脊排开的十九间房，其正中有三间为佛堂曰“宝筏喻”。

后寝部分较前宫布局稍有变化。在庭院的东西两侧有单面游廊，廊后有东西跨院。跨院均为二进，又称东所、西所。咸丰十年（1860年）第二次鸦片战争期间，英法联军侵入北京，咸丰以“木兰秋狝”名义逃到山庄避难。皇后钮祜禄氏和懿贵妃叶赫那拉氏就分别居住在东所和西所。

图4-7 后寝主殿
烟波致爽后寝主殿，为康熙三十六景中的第一景。是清帝驻跸避暑山庄时的寝宫。通敞的正中三间为皇帝接受后妃请安的地方。

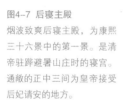

图4-8 西暖阁/上图

烟波致爽西暖阁。位于该殿的西尽间，嘉庆和咸丰两位皇帝都病逝于此暖阁。

图4-9 莲华室内景/下图

图4-11 云山胜地楼剖面图

图4–10 云山胜地楼

正宫区最后一进院内的单檐二层歇山布瓦建筑云山胜地楼。楼前东侧梢间叠以北方黑石蹬道可上二楼，楼内不设楼梯。登临此楼，顿生爽气，北望湖区、湖光山色、尽收眼底。楼下西间原设有小戏台，是皇帝看戏的地方。楼上西间设有佛堂，雕以楠木莲花罩。乾隆皇帝题名为莲华室。

后寝部分主殿为烟波致爽殿。清帝驻跸山庄时均居于此殿。该殿较前宫建筑更为清雅，踏步均为黑石如意点护。康熙赞曰：“四周秀岭、十里澄湖、致有爽气。”乾隆赞曰：“玉宇晴开千嶂雾，金风爽豁万林烟。”该殿明、次间为通敞布局，系皇帝接受后妃朝拜之地。明间北墙上悬康熙手书“烟波致爽”匾一面。匾下贴斗“福”，两侧为乾隆手书楹联。西侧梢间为佛堂，尽间为皇帝寝宫，又称“西暖阁”。东侧梢间和尽间为一通敞大间，为皇帝休息之地。该殿西北角设有暗门直通殿外西廊。咸丰逃难山庄之时，在西暖阁内南侧炕桌上，批准了丧权辱国的《中英北京条约》、《中法北京条约》和《中俄北京条约》。次年八月，咸丰皇帝就病死在此阁之中。慈禧也就在这里与恭亲王奕䜣策划了“辛酉政变”，回京后诛杀了以肃顺为首的赞襄政务的八大臣。

烟波致爽殿后为云山胜地楼。楼为二层，面阔五间，歇山布瓦顶，楼外东侧面南叠石参差嶙峋，沿山石蹬道可旋登二楼，实际上是一座室外楼梯。《热河志》记述：“高楼特起、八窗洞达，俯瞰群峰、夕霭朝岚，顷刻变化、不可名状。”登临此楼，顿觉清风徐来，即生爽气。凭栏北望，湖光山色，尽收眼底。楼上西间设有佛堂，雕以楠木莲花罩，乾隆题名为“莲花室”。每至中秋，后妃常在此祭月拜佛。楼下西间设有小戏台，以供帝后听戏之用。东间设有宝座床。楼北建有三间垂花门直通湖区。

图4-12 万壑松风殿/上图

系康熙皇帝读书、批阅奏章和召见重臣之地。也是幼年乾隆在此受到其祖父康熙教诲的地方。该殿北临湖区，坐落在苍松之中。

图4-13 游廊/下图

澹泊敬诚殿与四知书屋间的游廊。

图4-14 西所/上图
当年咸丰皇帝逃难于避暑山庄时，慈禧居住的小院。

图4-15 畅远楼/下图
乾隆母亲居住的地方。这是一座与正宫区云山胜地楼完全相同的建筑。

松鹤斋在正宫区之东侧，是与正宫区南北轴线平行之建筑群。由八进院落南北贯通而成。为太后及妃嫔居所。其建筑布局与正宫相近，只是其宽度与长度为正宫区的三分之二。松鹤斋以北建有“万壑松风”一组建筑。主殿原系康熙皇帝读书、写字、批阅奏章和召见重臣之地。前殿鉴始斋系乾隆少年读书处。乾隆11岁时因备受康熙的喜爱而召入宫中，留在身旁亲自教诲。乾隆继位后为缅怀此段经历，将主殿更名为纪恩堂，并写了《避暑山庄纪恩堂记》，追思祖父康熙对他的教养之恩。这组建筑呈自由组合之布局、建筑前后交错排列，以回廊相连，不仅具有良好的视野，也起到了遮挡宫殿区的作用。此组建筑以高差10米的山石蹬道与湖区相通。

图4-16 蹬道楼梯

畅远楼室外叠石蹬道楼梯。

东宫较正宫和松鹤斋地势约低6米，南起山庄第二大宫门德汇门，北端直临湖滨。主要建筑依次为门殿、前殿、清音阁大戏楼、福寿阁、勤政殿、卷阿胜境。该组建筑1945年毁于火灾，仅卷阿胜境殿于1979年修复。但东宫区的建筑基址保存十分完好，柱顶、压面踏步依然完整如初，仍使人有气势宏大之感。

五、博采名园，神似胜于形似

博采名园于一地、“移天缩地在君怀”，这是乾隆皇帝造园思想的主体。在避暑山庄内又主要以如意洲、月色江声、环碧和八个湖面组成的湖区和山区、平原区内得以体现。

水是博采江南园林的基础。有八处相互网联的水面，以堤、桥、洲、岛分割，布局巧妙。总的结构是以水绕岛、堤岸蜿蜒、洲岛错落、曲折深远。清人张玉书在《扈从赐游记》中写道：“湖之极空旷处，与西湖仿佛，其清幽澄清之胜，则西湖不及也。”这个评价是中肯的。《御制避暑山庄诗》云：“夹水为堤、逶迤曲折。径分三枝，列大小洲三，形若芝英，若云朵，复若如意。”系康熙皇帝建造山庄“理水在先”的得意之作。

图5-1 芝径云堤

仿杭州苏堤的芝径云堤堤上的牌楼和木桥。

图5–2 水心榭/上图
建于康熙四十八年（1709年），系乾隆三十六景第八景。位于山庄东南湖区，是下湖与银湖之间水闸上的三座亭子。亭下有八孔闸门，用以调节湖区水位。

图5–3 水心榭近景/后页
水心榭原为控制水位的闸门，康熙时在此架设石桥，并建亭榭三座。中间的为重檐歇山卷棚，两边的为重檐攒尖式，结构布局均衡对称。水心榭利用水闸上方空间以建筑造景和作为赏景的最佳位置，成为湖区的胜景之一。每当薄暮或清晨，憧憧亭影，景色迷人。在盛夏时节，此处荷香阵阵，清风徐徐，是消暑佳地。（程里尧 摄）

自秦始皇在长池中作仙岛造景后，“一池三山”之法便成为皇家园林的传统。避暑山庄“一池三山”的处理则别有天地。从一径（芝径云堤系康熙36景之一）生三枝（如意洲、月色江声、环碧三岛），如灵芽自然衍生一般。三岛大小体量主次分明。象征蓬莱的最大岛如意洲和小岛环碧簇生在一起，居次的月色江声岛又与这两个岛偏侧均衡而安，形成不对称三角形构图。其东隔岸留出月牙形水面环抱月色江声岛，寓声色于形。仿嘉兴烟雨楼所在的青莲岛和仿镇江金山寺的金山岛，分置东、北，与此三岛遥相呼应。造园者又巧妙地利用凭水借影的手法，将园内景色与园外群山引入湖中，借到园内。康熙诗称：“叠翠耸千仞，澄波属紫文。鉴可倒影列，返照共氤氲。”在建筑布局上将多题材的景点以朴素的外观、亲切的尺度、巧妙的空间组合，纳入了山庄的整体之中。

图5-4 环碧
位于芝径云堤西侧的一组园中之园，这里回廊如带，草亭、券门、二座小院掩映在一片丛绿之中。清代每年七月十五在此举办皇家的盂兰盆会。

图5-5 如意湖亭

与环碧隔湖相望的如意湖亭，乾隆三十六景之第四景。亭面阔三间，前后出抱厦一间的临湖建筑。

图5–6 金山全组建筑
该组建筑以其建筑的形体变化，再现了江苏镇江金山寺与“寺裹山”的意境特色。

图5–7 金山主体建筑上帝阁立面图

图5-9 金山全组建筑正立面图

图5-8 金山内的爬山蹬道斜廊

图5-10　内湖上的长虹饮练、双湖夹镜
系两座牌楼和石砌长桥，为康熙三十六景之第三十三和三十四景。

湖区东侧的金山，用地面积和建筑规模比镇江金山小得多，建筑造型亦不相同，但着重于临水而立的环境特色，门殿、亭、阁的相对关系和建筑的空间层次等，用极简洁的手法模拟了镇江金山寺的神韵。尤其是左右环抱、随势而升的爬山游廊，以其建筑的形体变化，再现了镇江金山寺“寺裹山”的意境。

湖区北侧的烟雨楼，尽管与嘉兴南湖烟雨楼不同，但都以体量较大的两层楼阁为主体，并以门殿、亭、廊作陪衬，组成变化的轮廓。最重要的是，此楼模拟嘉兴烟雨楼位于碧波荡漾的湖心，山雨迷蒙之时，其空间景观较南湖有过之而无不及。

此外，仿苏州狮子林的文园狮子林、仿杭州苏堤的芝径云堤、仿苏州沧浪亭的沧浪屿等，也都体现了求其神似的造园宗旨。山庄湖区的建筑主要分布在月色江声、如意洲、青莲岛、金山岛、环碧岛五处。

图5-11 湖区如意洲上的观莲所/上图
乾隆三十六景之第十四景，为当年帝后观赏莲花之地。亭内原设有宝座。

图5-12 仿苏州沧浪亭的沧浪屿/下图
该组建筑为一小巧玲珑的园中之园，亦是康熙初建热河行宫时宫殿区的后花园。临水而建的三开间水榭，与曲廊、水池、叠石、亭门、月门、垂花门以粉墙相连，别有一番幽趣。

月色江声岛上的主体建筑为三进院落，有回廊相连，西南角建有四角攒尖布瓦亭——冷香亭。全组建筑给人以幽静、淡雅之感。乾隆皇帝常在此处读书、作诗、听湖水拍岸似江声。由此沿小堤西向折南沿湖北行，则为一组空间布局精巧的建筑群。该处由两组小院组成，围以粉墙。门殿“澄光室”，主殿“环碧”与刻有“拥翠”、“袭芳”两面门额的粉墙拱门南北相映。殿北，临湖有一圆亭，以山草覆顶，宛如斗笠。每到夏季，湖内菱花清香，当年宫女来此采菱嬉戏于荷菱之间。从康熙年间开始，每逢农历七月十五，在此举行盂兰盆会。届时搭彩棚、设法船、燃烛焚香、百供丰盈，众多僧人打醮诵经，在梵呗声中，送法船下水，燃起各样花灯，蔚为奇观。乾隆皇帝为此曾写《放灯》诗：“烟光露色早秋天，望夕冰轮满意圆。例事盂兰传梵呗，便看朔塞放灯船……”

图5-13 水芳岩秀殿内景
康熙三十六景之第五景。是初建热河行宫时的宫殿区主体建筑。为康熙皇帝处理政务之地。

图5-14 水芳岩秀殿内松藤透雕落地花罩/上图

图5-15 水流云在/下图

康熙三十六景中的最后一景。为澄湖北岸四出厦重檐布瓦方亭。建于康熙四十二年，是初建热河行宫时的重要景点建筑。该亭系20世纪70年代在原存完好的基础上复建。

图5-16 仿嘉兴南湖烟雨楼而建的“烟雨楼”/前页
乾隆皇帝亲题匾额，每当山雨迷蒙，烟云缭绕，如薄雾轻纱，飘逸楼头，登楼远眺，有飘然欲仙之感。

由环碧沿芝径云堤北行，过一与牌楼相连的小桥，绕土山，走石径便达湖区最大岛如意洲。该岛因形似如意而得名。岛上楼台亭阁，柳绿槐香，古松散就，景色万千。烟雨楼、沧浪屿和康熙初建山庄的寝宫殿院，以及戏楼、寺院同在此岛。充分显示了园中有园、画中有画的山庄特色。仿苏州沧浪亭之意境的沧浪屿尤为引人驻足。曲廊、叠石、小池、亭门、月门、曲墙、古松，连同三间临水小殿组成了一组小巧玲珑的园中之园。园内有用北太湖石围成的小池，池内还有两眼深于池底丈余的八角形砖砌“泉井”。池水由暗道与澄湖相通。泉水与湖水在这里交汇。当年康熙和乾隆两位皇帝都曾在此读书作诗。因该建筑南向如意石踏步一侧有一双干古松，故此室又名双松书屋。

图5-17 濠濮间想
康熙三十六景之第十七景，与烟雨楼隔湖相望。康熙有诗：“茂林临止水，间想托身安。飞跃禽鱼静，神情欲状难”。

图5-18 莺啭乔木/右图

康熙三十六景之第二十二景。是避暑山庄万树园南端的主要景点。为不等边八角形建筑。坐于亭中，近俯清波，远连丛樾，和风淡荡，时鸟嘤鸣，其乐无穷。

图5-19 苹香沜/下图

乾隆三十六景之第十九景。位于山庄万树园之东南。东临热河泉，西临甫田丛樾亭。该组建筑由门殿、方亭、垂花门和粉墙组成。门殿苹香沜前有叠石踏步和木桥隔湖与香远益清相通。此处系帝、后观赏青苹和乘龙舟前后休息之所。

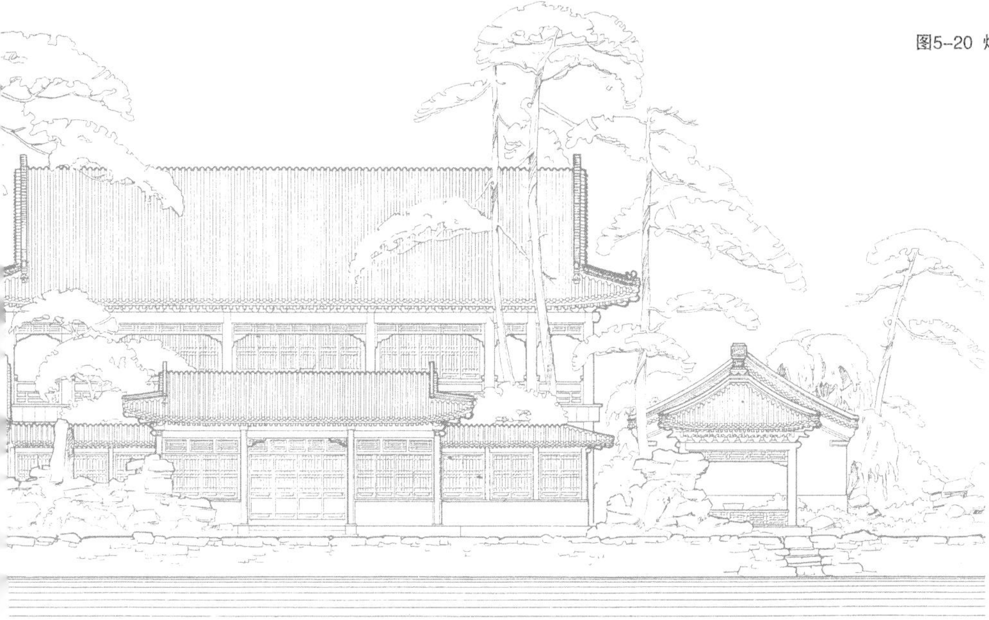

图5-20 烟雨楼南立面图

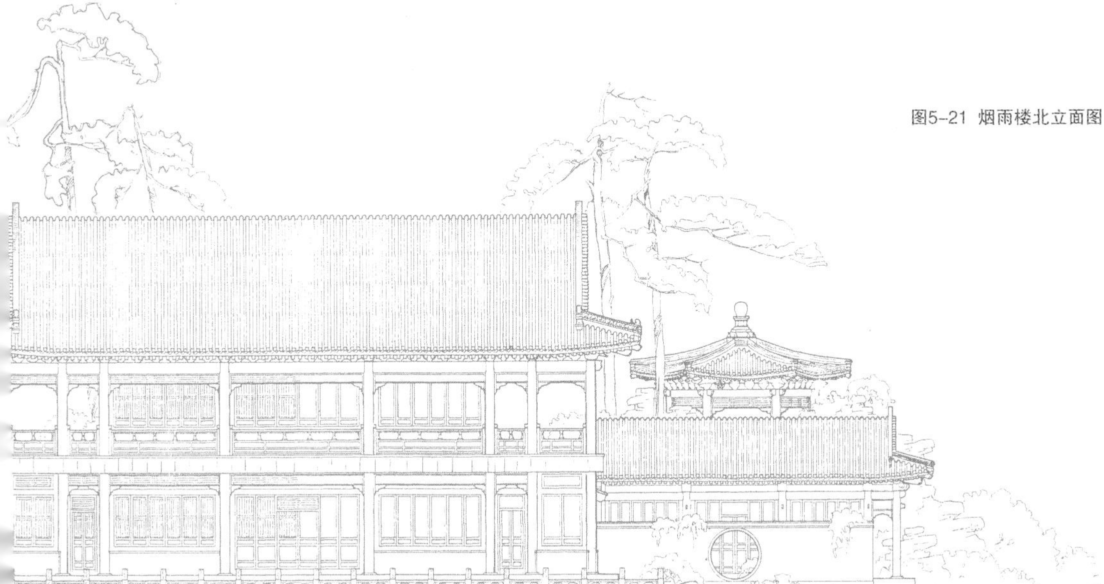

图5-21 烟雨楼北立面图

康熙曾题联曰："松生青石上，泉落白云间。"如意洲内的主体建筑群则是由无暑清凉门殿、延熏山馆、水芳岩秀、一片云、浮片玉小戏台和金莲映日及临湖而建的观莲所、云帆月舫、西岭晨霞、川岩明秀、澄波叠翠、法林寺等建筑组成，以廊相连，错落有致，充分显示了中国建筑群体组合的空间特色。当年乾隆皇帝在湖区内还在"热河泉"和"临芳墅"建造了两处船坞和"青雀舫"、"境水庐"两条龙船，以供他游览湖区使用。而今两处船坞尚在。

六、因山构室，自成天然之趣

图6-1 旷观
进入山区松云峡的城关。

避暑山庄是以山为基本。山区占总面积的五分之四，雄踞于山庄西北部，峰峦高耸，“横看成岭侧成峰，远近高低各不同”。然而山之美不独在峰峦秀色，而犹在沟壑之奇和点缀在沟壑之中的四十余组因山就势与溪流、瀑布为伍的建筑群体。或佛或道，或亭或殿、或隐或现，使山庄更增添了几分神秘，几分幽邃。这些建筑主要集中在梨树峪和松树峪之中，多为乾隆时建，充分体现了乾隆皇帝关于山水审美的观念：“室之有高下，犹山之有曲折，水之有波澜，故水无波澜不致清，山无曲折不致灵，室无高下不致情。然室不能自为高下，故因山以构室者其趣恒佳”（参见北京北海《塔山四面记》碑文）。遗憾的是，这些建筑群体现已荡然无存。

山区建筑在使用功能上主要分为两类。一为寺、庙、庵、堂，二为赏景休憩之地。山庄内的宗教建筑内均不设僧尼，仅作皇室信仰之依托和在一些节日到此浏览而已。主要的寺院庵堂有珠源寺、碧峰寺、水月庵、旃檀林、广元宫、斗姥阁、仙苑昭灵、灵泽龙王庙、鹫云寺、静含太古山房等。山区的赏游休憩建筑的布局和设计则结合地形，层叠错落，极富变化。概括起来，大体可分为五种类型。

1. 悬谷立景

“青枫绿屿”地处松云峡北山东端绝壁之上，始建于康熙时，是两峰间之谷地。这里是平原区与山区的交会处，居此，可南望浩渺烟波的湖区，西挹西岭秀色及逶迤婉转之城墙，东面借景磬锤峰及寺庙群，可谓悬高之谷，外旷内幽，并得明晦之景。去青枫绿屿须经过松云峡入口“旷观”城门转取北侧谷内山道回旋登至。建筑布局为北方四合院之变体，虽有南北轴线关系，但东西两侧之建筑不作对称处理。门殿外有一篱墙小院，其圆形竹篱门面对山。由门殿可南望南山积雪亭，正合“采菊东篱下，悠然见南山”诗意。篱墙小院之东有吟

图6-2 珠源寺山门

是山庄内寺庙唯一保留的山门。该寺内原建有与颐和园相同的铜殿，为当年侵华日军炸毁，用于制造军火。现存建筑基础经过初步整修，已非常完整地体现其宏伟的建筑规模。

红榭。园林中常见之榭，多凭水际花间，唯此榭居高临下，取意于“吟红日之初升，赏枫林之尽染”。门殿“青枫绿屿”东以廊与吟红榭相连。进门殿北向为一粉墙月门围成的封闭小院。一株古松拔地而起，西侧青石踏步拾级而下，曲至西围房。穿月门沿方砖花石子小路可直达主殿风泉清听。院内西向因地势突下，遂以叠石护坡及步石与西围房相接。主殿面阔七间，前廊东侧开一筒子门与七开间平顶曲尺漏窗房相连。平房屋顶上用方砖铺墁，四周围以宇墙。宇墙北向面西有一出口，以青石蹬道与主殿后檐相连，主殿北侧小院并列三株古松，更增添了这组建筑苍古幽静的气氛。康熙与乾隆二帝曾多次在此与后妃赏月和饱览西山红叶。近年在修复这组建筑时发现了主殿东次间、梢间地下为葫芦形地炕，烟道与东山墙相通。前廊地下为一地坑，上铺地板，是烧炭之处。据此可推断，当年帝后可能在此曾长时间休憩。康熙曾赋诗一首写景言志：“石磴高盘处，青枫引物华。闻声知树密，见景绝粉哗。绿屿临窗牖，晴云趁绮霞。忘言清静意，频望群生嘉。”

2. 山怀建轩

在松云峡北侧，乾隆时期先后营造了广元宫、山近轩、敞晴斋等大型建筑群体，其中广元宫是道观建筑，敞晴斋是规整型建筑，而山

图6-3 青枫绿屿平面复原图/对面页
该组建筑系康熙三十六景第三十二景。为悬谷建园的典型建筑。也是在保存完好的建筑基址上复原的唯一一座完整的山区建筑。

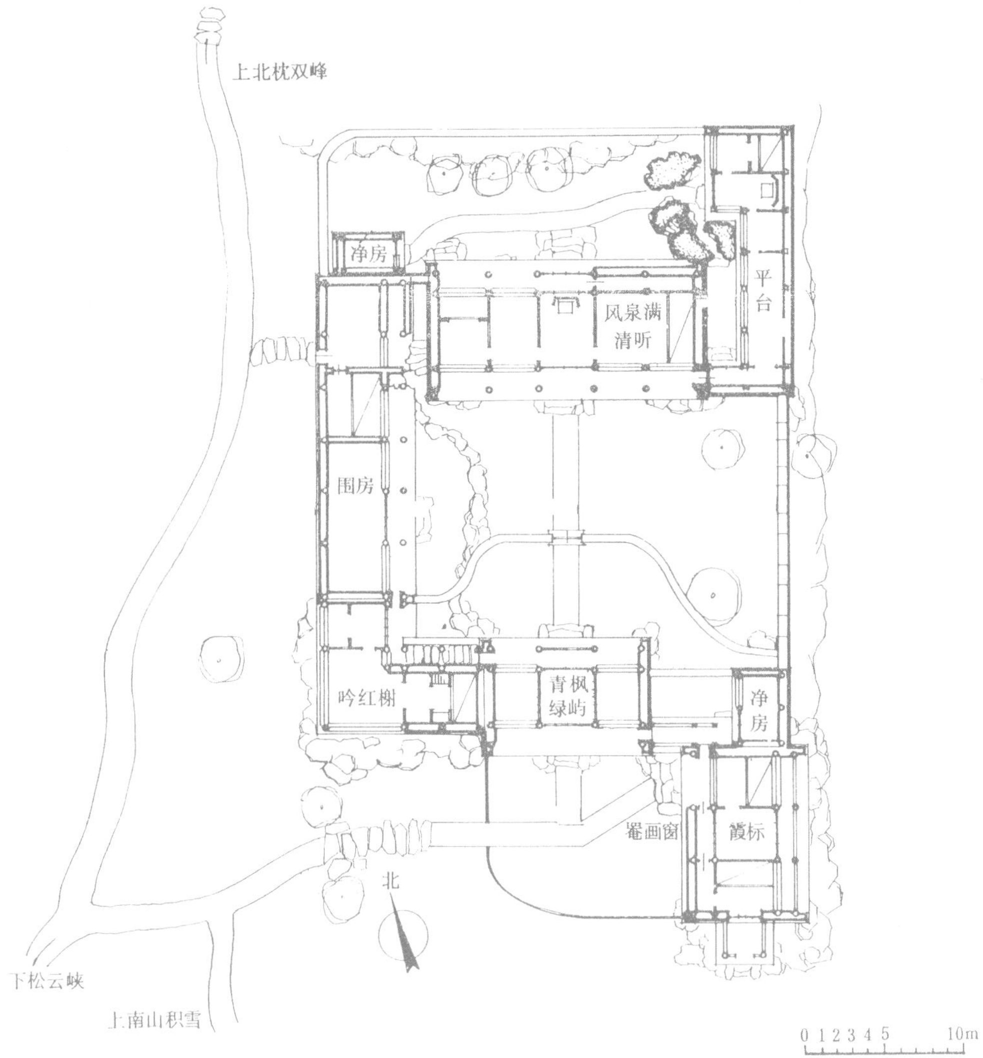
上北枕双峰
净房
风泉满
清听
平台
围房
吟红榭
青枫
绿屿
净房
罨画窗
霞标
北
下松云峡
上南山积雪
0 1 2 3 4 5 10m

近轩则是藏于山怀深处的一组园林建筑，其所处地势起伏不平，在长70余米内，高差达25米。这组建筑共有70余间亭、台、楼阁，坐落在以石墙、假山叠砌而成的四层台地之上，四周翠屏环抱。它与西侧隔谷相望的广元宫、翼然亭、古俱亭在空间上形成了一个整体，相互之间俯仰皆可借景。山近轩与广元宫之间两座高大的石拱桥跨涧相连。山近轩的第一层台地紧临崖沿，建有两间堆子房（守卫用房）和小院。院内是通往各处的青石蹬道。第二层台地是主体建筑面阔五间的山近轩。这座山庭与平地庭院的区别在于周围的建筑都在不同的地平高度上。门殿和清娱室居低处，主殿高出2米，簇奇廊在更高处，再以爬山廊把这些建筑连接在一起。庭中又以假山分隔，有山洞、蹬道相通。第三层台地有延山楼。此楼底层平面

图6-4 青枫绿屿鸟瞰图

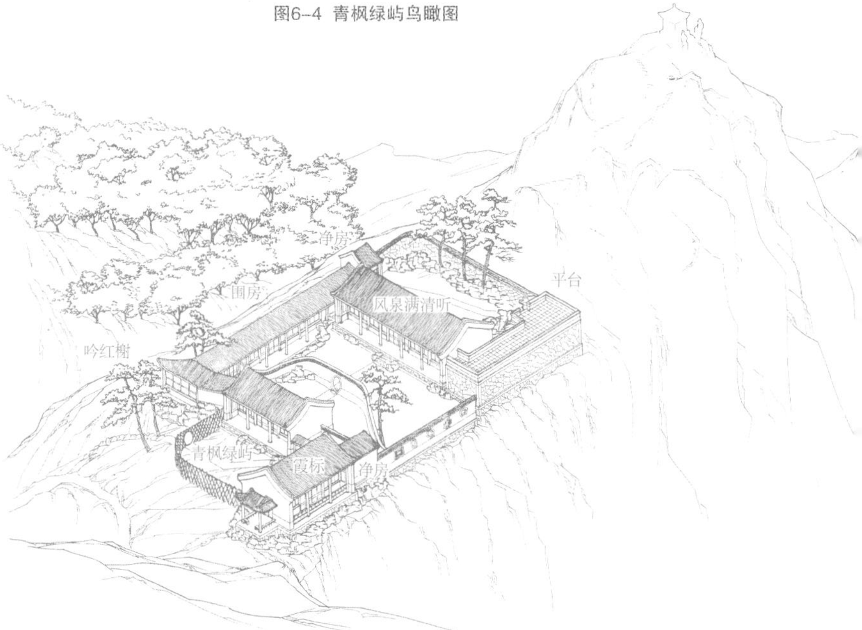

图6-5 山近轩遗址
在松云峡北侧山怀深处，原是一组由70余间亭、台、楼、阁及围墙组成的山区园林，现在仅存完整的建筑基址和古松，但宏伟的叠石仍能体现其宏大的规模。

与庭院地面相平，底层之西南向外跨出一半圆形高台，高台地面又与楼之二层相平接。底层形成半封闭的石室，楼柱半嵌石壁而起，楼上给人以山水凭栏之感。第四层台地既陡又狭，建筑则依台基大小而设，形成既相对独立，又从属于整体的一小组建筑。面阔三间六檩周围廊卷棚歇山布瓦顶的“养粹堂”和地处最高处由二间小殿和一草顶方亭，平面高低错落的三个单体建筑组成，使得这一大组建筑群体互相陪衬，空间丰富，风趣天然。

山近轩工程极为艰巨，建造时间达四年之久，尽管全组建筑现已坍毁，但建筑的基址和叠石、蹬道、古松仍在，能完整地反映其宏大的建筑规模和巧妙的设计意匠。

图6-6 山近轩复原平面图

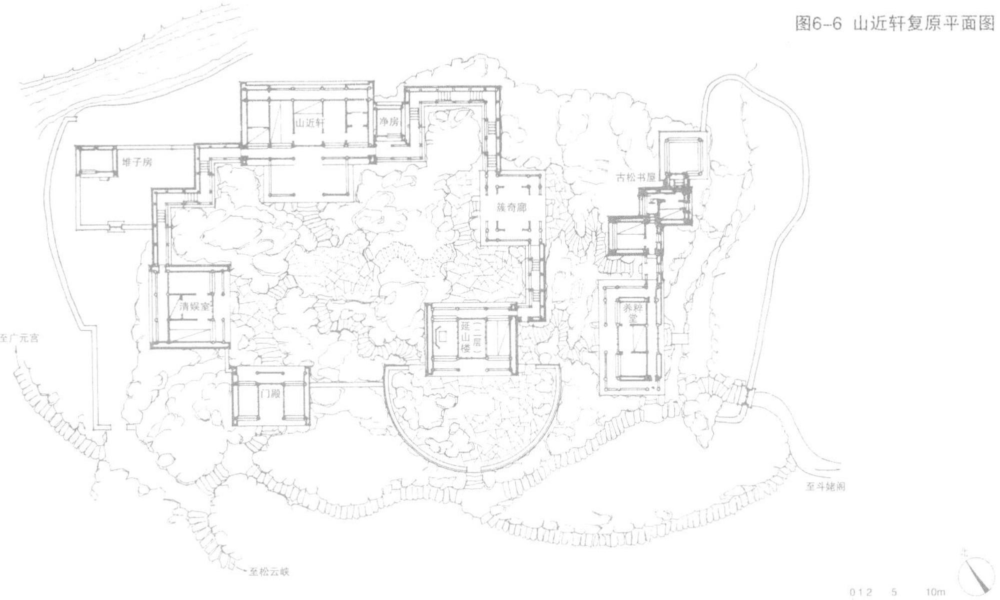

3. 绝巘坐堂

入松云峡沿山路西北行，至最狭处，溯溪流折西南过含青斋，沟分两岔，再南行沿蹬道而上即达碧静堂。此组建筑建于“Y”形峡谷之间。含青斋、玉岑精舍和碧静堂三个相近山庭，相近在咫尺，却因山径随势迂回而各自形成独立的空间，互不得见。这片地形为大山衍生小山，小山似离大山，形成三条山脊间夹两条山涧之奇观。这种地貌称作“巘”。

碧静堂的门殿坐落在巘之山腰，以亭为门，取八方重檐攒尖顶。原因是该地没有足够的宽度来安置一座普通的门殿，故以亭代之。以亭为门，峭立山腰。和门殿衔接的是曲尺形爬山廊。此廊可三通，一条向南接蹬道拾级而上，直达主体建筑碧静堂；另一条向东沿小石径渡涧跨桥而至松壑间楼；第三条则循廊而折通向净练溪楼。净练溪楼枕于涧上，楼基为跨涧条石砌筑之城台，中辟拱券水门。主体建筑碧静堂坐落在这背峰面壑的显赫位置，足以控制全园。其西南向以曲尺形廊连接静赏室，与净练溪楼南北遥相呼应。其东向山涧南端又临涧建楼二间，名松壑间楼。楼下与跨涧的石桥相接。楼上以跨涧之爬山廊曲通主殿。此小园布局极为精巧，建筑疏密相间，在造园手法和建筑空间组合上堪称佳作。

4. 沉谷架舍

玉岑精舍位于松云峡西侧支谷西端的两条小支谷的交会处，形如一个品字形的山谷。山小而高，谷低且深，南北陡，东西缓。主体

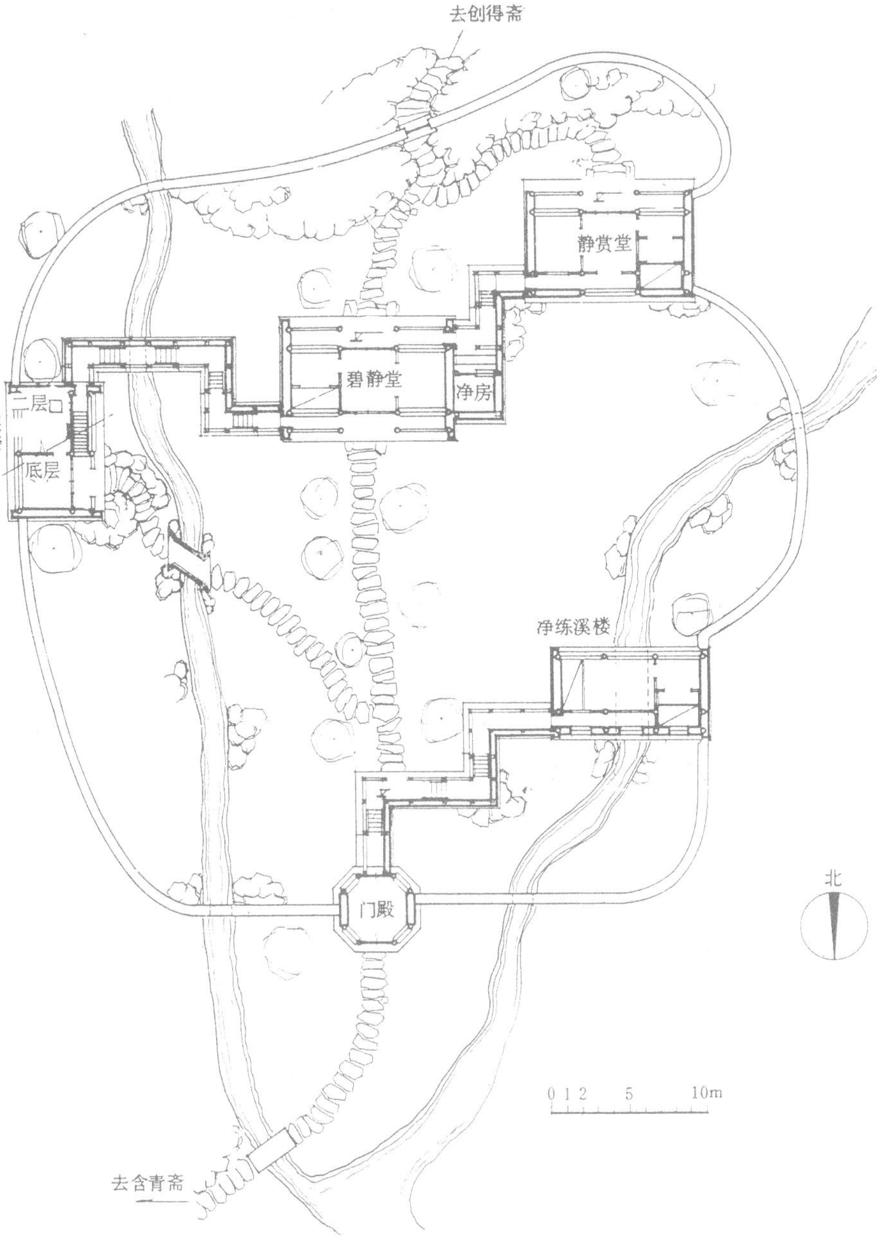

图6-7 碧静堂复原平面图

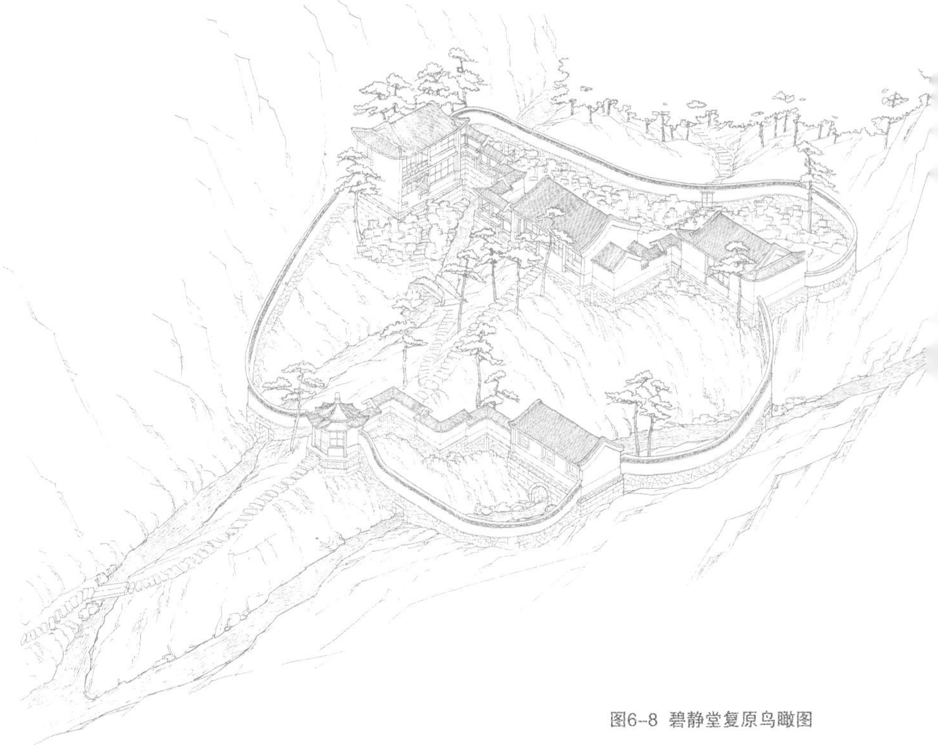

图6-8 碧静堂复原鸟瞰图

建筑小沧浪为三开间硬山卷棚式小殿，北临深涧，南向山梁，其东为玉岑室，其南向次间，以跌落曲廊与小沧浪相连。明间可沿山石蹬道直下谷底。其北山墙紧临溪水。

该组建筑最北面是贮云檐，居高临下，气势轩昂。以其高耸之势，故取“贮云”为名，可谓“阶前自扫云”了。涌玉亭和积翠亭为该组建筑西南角之相连二亭。涌玉亭为十字形卷棚歇山式亭，跨涧而立，其山墙与数十级爬山曲廊相接。积翠亭为攒尖式亭。有曲廊与涌玉亭、小沧浪相连。自西向东的溪穿过涌玉亭在小院内积翠成潭。由贮云檐南望，在南面山景的映衬下，透过爬山廊什锦漏窗，山景、水景

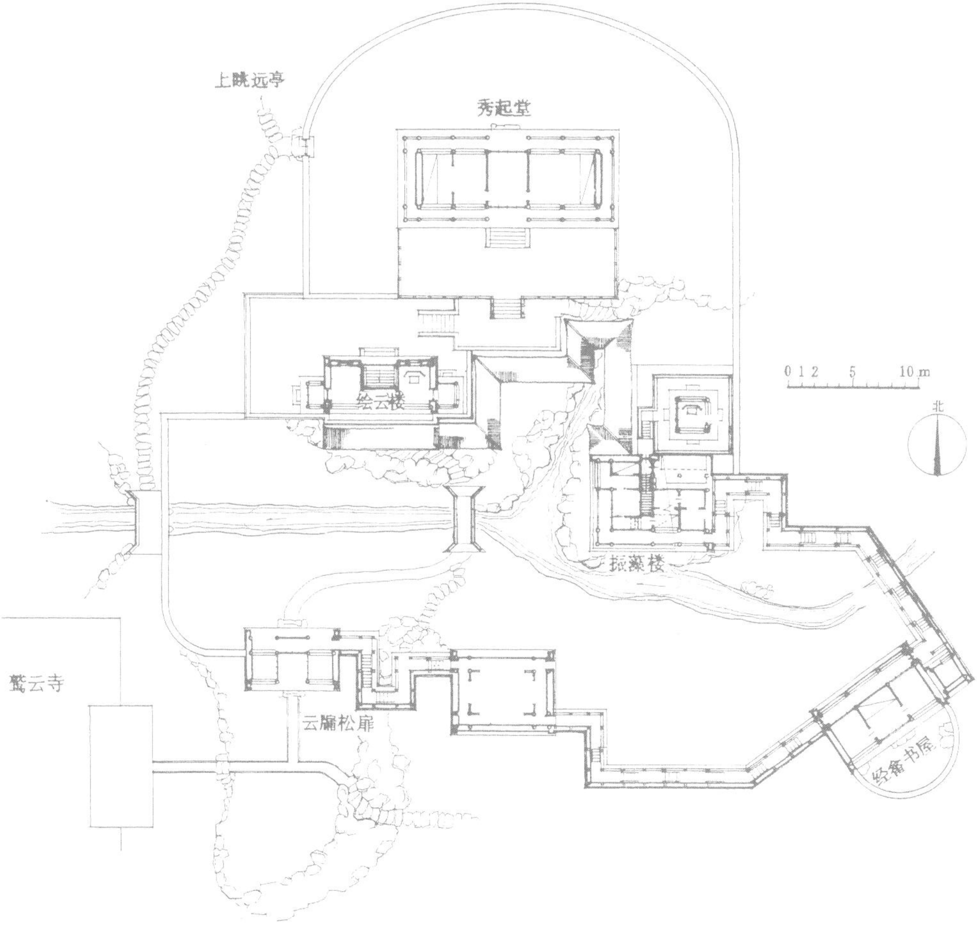

图6-9 秀起堂复原平面图

图6-6～图6-9这组建筑为乾隆皇帝所建山区建筑中最得意之作，也是著名学者梁思成先生来承德进行考察的重点建筑，现仅存完整的建筑基址和古松。

和亭阁融为一体，加之谷风习习，涧水生凉，构成一处精雅清幽、别有洞天的环境。乾隆有诗为赞："西北峰益秀，戍削如攒玉。精舍岂用多，蒲洒三间足。岚霭态无定，风月芷有独。长享佳者谁，应付山中鹿。"

5. 据峰为堂

秀起堂地处西峪尽头，既是乾隆在山区建筑中的最得意之作，也是梁思成先生来山庄考察建筑的重点。秀起堂独具山水优势。北部山势雄伟，且有较大的高山台地。南部山势起伏较缓。这组庭园的中间有一条贯穿东西的山涧溪流与东北向的山涧溪水构成了一处Y形山涧。主殿秀起堂，以及绘云楼、振藻楼、云牖松扉、经畬书屋和爬山廊、亭、桥等，以地形之高低而分君臣、伯仲，各得其所。秀起堂面阔七间、进深三间，周围有廊的卷棚歇山式建筑，前面有低1.5米的月台，是利用了高山台地所致。门殿比主殿低10.8米，悬匾云牖松扉，造型朴实如村居柴扉。经畬书屋和门殿东邻的敞厅，坐落在两个小峰之上。位于南面的爬山廊依山势而建，在东西50余米的距离内，高差达8米，转折有6处之多。其中，由宫门向东的廊出两间便急转直上，在仅仅11米的水平距离内，为顺应山势而四次90°转折，然后36级台阶攀达经畬书屋。再经书屋后廊转向西北，降至山涧，跨涧而过，廊下设过水拱洞。爬山廊由此又拾级而上，经五次转折，方达振藻楼。楼为二层，为单檐歇山式建筑，位于山凹的两涧交汇处。楼之东北高台又连接方亭，远望犹如角楼高耸，两者成为全园的独特景观。

图6-10 梨花伴月复原鸟瞰图

位于梨树峪内一里许，北侧岩崖陡峻，清溪蜿蜒，南侧平岗逶迤，梨花遍野。庭院包括面临溪水的敞厅澄泉绕石和门殿梨花伴月。这组建筑是避暑山庄最早建造的庭园之一，建于康熙四十二年（1703年）至四十七年（1708年）。共有建筑一百零六间，布局紧凑，巧于利用地形和组织空间，并配以水池山石。这组庭园是山区建筑群中除寺庙外唯一的对称布局的群体，其空间处理和造型并不比自由布局的庭园显得单调，在空间组合上是非常成功的作品。

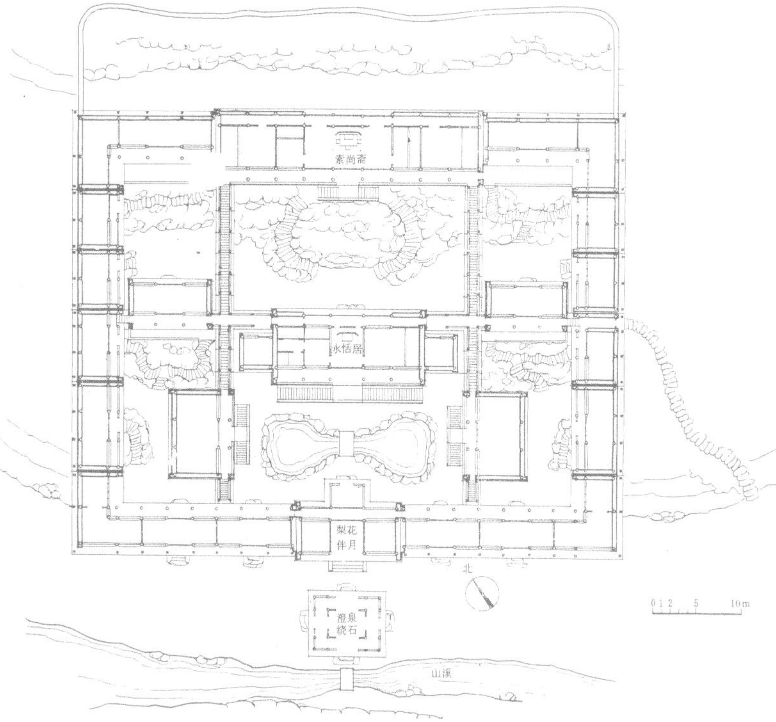

图6-11 梨花伴月复原平面图

与主殿高差9米的第二级台地之上有绘云楼，其明间由一层通开间拾级而至二层。西次间一层均为该建筑的砌石基座。两次间山墙均有门通向户外耳房。

秀起堂总共建筑面积约1000平方米，该组建筑与其相邻的鹫云寺、静含太古山房共同组成了西峪尽头的建筑群。当年乾隆常在此读书、吟诗、传膳和休憩。他在赞赏秀起堂的诗中写道："去年西峪此探寻，山居悠然称我心。构舍取幽不取广，开窗宜画复宜吟。诸峰秀起标高朗，一室包涵说静深。莫讶题诗缘创得，崇情蓄久发从今。"

七、戏楼御幄，别有韵律天地

图7-1 浮片玉
康熙皇帝在如意洲宫殿区内看戏的小戏台。

有清一代，历朝皇帝皆喜欢看戏，故在宫苑内建造戏台、戏楼。避暑山庄作为离宫别苑，先后建有浮片玉，云山胜地楼下室内小戏台和东宫清音阁大戏楼。清音阁大戏楼的规模与圆明园大戏楼、故宫寿安宫大戏楼齐名。其面阔17米，进深14米，上下三层，设有地井、天井及上天入地机关设施。据清宫《升平署总档·日记档》记载：乾隆一生巡幸避暑山庄51次。在此看戏多达1482出。其中开场戏（如“平安如意”、“万花献瑞”等）46出；宴戏（为承应戏，如“千春燕喜”、“捧爵娱亲”等）21出；节令戏（如“早春朝贺”、“东篱啸傲”等）47出；单出戏196出；春戏（如“万载恒春”）25出；灯火戏（如“河清海晏”、“地涌金莲”等）7出；大戏（如“劝善金科”、“封神天榜”等）48出；连台本戏（如“升平宝筏”、“鼎峙春秋”等）1063出。又据热河军机章京赵翼在他的《檐曝杂记》中记述乾隆45岁寿诞时曾受赐看大戏“升平宝筏”和“封神天榜”时的情景。“余尝于热河行宫见之，但演戏率用西游记、封神榜小说中神仙鬼怪之类……所扮妖魅，有自上而下者，有自下突出者，甚至两厢楼亦化人居，而跨驼舞马，则庭中亦满焉。有时神鬼毕集，面具千百，无一肖者……”。又据《避暑山庄陈设档》记载，道光、咸丰、同治、光绪四朝曾五次从山庄向北京撤用乾隆时期的内庭戏衣、切末。直至清亡后，山庄清音阁扮戏楼、坦坦荡荡和正宫内，仍然存有大量云锦、苏绣戏衣。

避暑山庄万树园内还有一处半永久带有马背民族特色的特殊建筑——御幄大帐，和五合、花顶、脩差蒙古包群。御幄又称黄幄或大幄次、帐殿，可随时拆卸、安装。平时由工部收贮，用时由武备院司幄与工部提取搭

图7-2 清音阁大戏楼图

清音阁是清中期皇家重要大戏楼之一。此戏楼于1945年毁于火。此画为故宫藏画，再现了当年皇帝看戏的情景。

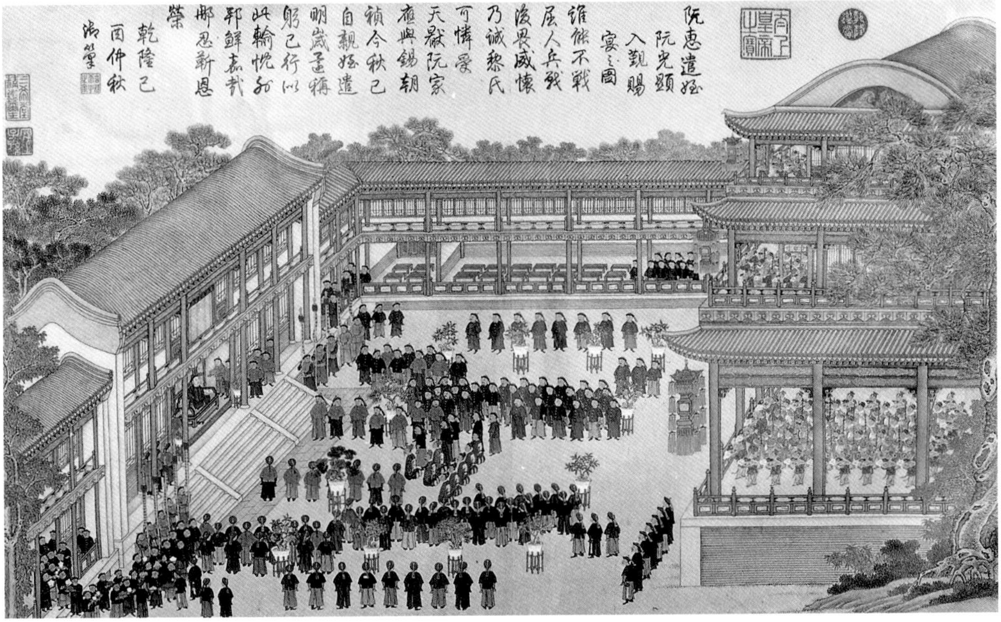

建。在山庄内有收贮大蒙古包的房舍，由专人看管、晾晒。这些蒙古包主要用于政务活动。特别是乾、嘉时期，每年木兰秋狝前后都要驻跸于山庄。包括乾隆皇帝的万寿大典也要在山庄庆贺。当时蒙古、西藏等少数民族的王公贵族、宗教领袖和英国、越南、朝鲜、缅甸等外国使节前来朝见，届时在万树园大蒙古包内大摆筵席、颁赏、赏观火戏、马技等活动。据统计，乾、嘉两朝共在此举行52次之多。乾隆万寿节40次也是在山庄内举行。1793年乾隆在这里举行隆重的大蒙古包宴，热情接待了首次来华的英国使团马戈尔尼一行。开创了中英关系史上的篇章。山庄的大蒙古包成为一处体现了当时政治、军事、外交活动的特殊建筑而载入史册。

在万树园西还有一组名垂史册的文化建筑文津阁。它和北京紫禁城内的文渊阁、圆明园的文源阁、沈阳故宫的文溯阁合称“内廷四阁”，是贮藏《四库全书》的地方。该组建筑坐北朝南，门殿、假山、水池、楼阁、花坛、曲池、月门、碑亭相继排列。主体建筑文津阁地处环水之地。阁高外观两层，实为三层，上、下各六间，其形制仿自浙江宁波范氏天一阁，取“天一生水，地六成之”之义而建。阁为卷棚硬山重檐式，前后有廊，其东面的碑亭内有一座用满、汉两种文字镌刻的《文津阁记》石碑。碑文为乾隆御书，记述了乾隆三十七年（1772年）由总纂官，被称为一代文宗的纪昀（字晓岚，河北献县人），历经十载编纂的《四库全书》始末。分经、史、子、集

图7-3 御幄大帐图/上图

御幄大帐是万树园内直径七丈二尺的蒙古包，乾隆皇帝进行重要的民族和外交活动的场所。乾隆皇帝曾在此处接见首次来华的英国使团马戈尔尼一行。此画为故宫藏画，是清廷意大利画师所作，再现了乾隆皇帝在万树园大蒙古包前接见和宴请少数民族首领的场面。

图7-4 水渠/下图

文津阁前曲水流觞亭内的以北方黑石砌造的水渠。

图7-5 文津阁
仿浙江宁波范氏天一阁建造，为清代四座皇家藏书楼之一，内藏《四库全书》和《古今图书集成》各一部。此处也是乾隆皇帝指示编纂《四库全书》的地方。目前北京图书馆所藏的《四库全书》就是北洋政府时由承德文津阁运回北京存于原京师图书馆（即今国家图书馆）收藏。

四大部，故名四库。总计选录书籍3461种，共79309卷；存目的有6793种书，93551卷。每一种书都写了提要。此举堪称有清一代的文治盛举。据《文津阁作歌》及《东华录》记述，乾隆四十六年全书第一部成，贮于文渊阁；乾隆四十七年第二部书成，贮盛京文溯阁；乾隆四十八年第三部书成，贮圆明园之文源阁；乾隆四十九年第四部书成。第二年夏乾隆临幸山庄之前，贮文津阁。《四库全书》在山庄内收藏了130年后，1915年由北洋政府内务部运回北京，先藏于古物保存所，后拨交京师图书馆（即今国家图书馆），1929年新馆建成后存入新馆，并将新馆前的街道定名为“文津街”。

八、夏宫独白，山庄自有兴衰

避暑山庄作为清王朝的第二个政治中心，从康熙四十二年（1703年）山庄始建至咸丰十一年（1861年）的158年中，清王朝的十位皇帝中就有五位皇帝曾在此驻跸。康熙建成避暑山庄后，几乎每年都来此并赴木兰秋狝。乾隆继位后的第六年（1741年），首举木兰秋狝之典。乾隆十六年（1751年）正式确立“木兰秋狝岁一举行”的制度。此后乾隆每年约有半年左右的时间，驻山庄，巡塞外，处理政务。乾隆每次来山庄，除皇子皇孙、妃嫔随行之外，军机大臣、重要的文武官员、少数民族王公贵族都要随班，实际上是清政府的一次大搬家。由京师到山庄实为乾隆皇帝的每年一次的精神调养。山庄的生活使他有更多的时间和精力去饱览诗书，思考治国安民之道。山庄内乾隆用于书房的建筑无处不有，多达几十处。宫殿区的鉴始斋、万壑松风、卷阿胜境，湖区文园的探真春尾、清溆斋，戒得堂的面水斋、含古轩，月色江声的静寄山房、莹心堂，如意洲的水芳岩秀、青杨书屋，以及平原区、山区园林中的书斋、书房等都记述着康、乾二帝饱览诗书的历史。

清代规定，文武官员升转调补，赴任之前由兵、吏二部分别带领觐见皇帝，由皇帝最后审定、核准，这种制度称为“引见”。引见仪式多在内午朝门前举行。乾隆曾特别强调“文员知县以上、武员守备以上、职任较重、因令吏兵两部每月各轮一人带至山庄引见，以昭慎重”。

清政府的许多重大军事决策是在山庄作出的。如乾隆自诩的“十全武功”的决策与指挥大多在山庄和木兰围场作出。

乾隆时期，山庄也是接见外国使节的主要场所。据史料记载，乾隆在山庄接见了南掌（老挝）、朝鲜、越南、缅甸等国使节。特别是乾隆80大寿时，许多国家派出使节先到山庄为其祝寿（农历八月十三日），事后又随其返回北京。另外，当时在清廷供职的一些法国、葡萄牙、意大利、俄罗斯神甫和其他人员也都到过承德，通过对山庄、外八庙及承德的观察，了解到清政府和中国当时社会的许多情况，并留下了许多珍贵的考察史料。

嘉庆元年（1796年）爆发了川、陕、楚白莲教农民大起义，从根本上动摇了清王朝的统治基础。第二年，当了太上皇的乾隆在嘉庆皇帝的陪同下来到了山庄，并去须弥福寿之庙、普陀宗乘之庙焚香礼佛，祈求菩萨保佑其江山永固。嘉庆三年（1798年）乾隆最后一次来到山庄，写出了《出山庄北门瞻礼梵庙之作》，反映了他对农民起义极为惶恐不安的心情。从此，清王朝的潜在危机公开化，逐渐走向了衰亡。1820年，嘉庆皇帝在避暑山庄结束了他25年的统治、61岁的生命。道光继位后，因内外交困，从没到过山庄。咸丰继位后，清王朝已危机四伏。1860年，在英法联军兵临北京之际咸丰以“秋狝木兰”为名逃到避暑山庄

图8-1 烟波致爽殿内景

殿西暖阁南向炕床上的坐垫、靠背、迎平。咸丰皇帝就是在此炕床的小桌上签署了丧权辱国的《中英北京条约》。黑漆小炕桌上目前陈列着该条约的复制品。

避难。已经四十余年无人居住的山庄成为清王朝的避难之地。咸丰皇帝以颤抖的手，在烟波致爽殿西暖阁，批准了丧权辱国的《中英北京条约》、《中法北京条约》、《中俄北京条约》。1861年咸丰皇帝病死在烟波致爽殿西暖阁。慈禧在这里以阴谋手段清除了咸丰临终任命的八位顾命大臣。这就是“辛酉政变”。当年十月，同治皇帝下旨，“所有热河一切未竟工程，着即停止”。避暑山庄随着清王朝的衰亡而随之毁圮。民国和日伪期间，避暑山庄又遭到了军阀和日寇的破坏，建筑被拆、古松被伐、铜殿被掠，昔日的辉煌已面目皆非。新中国成立后，经过二十余年的维修，避暑山庄又恢复了她的部分风采，今天已列入世界文化遗产名录和全国重点文物保护单位。

大事年表

朝代	年号	公元纪年	大事记
清	顺治八年	1651年	摄政王多尔衮在距热河20公里的喀喇河屯修建避暑城，当年十二月多尔衮病死
	康熙二十年	1681年	康熙设置木兰围场
	康熙四十二年	1703年	康熙在喀喇河屯行宫度过他50岁生日，并始建热河行宫
	康熙四十七年	1708年	热河行宫初具规模，有主要景点19处
	康熙四十八至康熙五十二年	1709－1713年	为热河行宫建造的第二阶段。1709年扩建东湖区，开辟了“镜湖”、“银湖”。建水心榭八孔亭桥闸和颐志堂等十八处景点
	康熙五十年	1711年	热河行宫更名为避暑山庄，康熙亲题匾额，并题康熙三十六景、绘图、赋诗。此年还建有四面云山亭
	康熙五十二年	1713年	康熙罚原江西江南总督、贪官“噶里”出资改修山庄宫墙
	乾隆六年	1741年	乾隆继位后首次北巡，驻跸避暑山庄，开始对如意洲进行改建
	乾隆八年	1743年	造龙舟青雀舫
	乾隆十四年	1749年	建松鹤斋，以奉皇太后居住
	乾隆十六年	1751年	建东宫区，在万树园北建永佑寺，并建千尺雪
	乾隆十九年	1754年	改澹泊敬诚殿为楠木殿，并南扩正宫区，建丽正门、德汇门、碧峰门、西北门
	乾隆二十一年	1756年	建成春好轩
	乾隆二十五年	1760年	建绿云楼、创得斋、星津
	乾隆二十六年	1761年	建食蔗居、敞晴斋、珠源寺、水月庵、放鹤亭
	乾隆二十七年	1762年	建成秀起堂，静含太古山房

朝代	年号	公元纪年	大事记
清	乾隆二十八年	1763年	建有真意轩、碧静堂、含晴斋、玉岑精舍。同年疏浚半月湖
	乾隆二十九年	1764年	碧峰寺建成
	乾隆三十年	1765年	建成旃檀林
	乾隆三十三年	1768年	建西北门内宜照斋
	乾隆三十六年	1771年	始建文津阁
	乾隆三十九年	1774年	建文园狮子林
	乾隆四十一年	1776年	建山近轩
	乾隆四十二年	1777年	建广元宫
	乾隆四十四年	1779年	历时四年建成山近轩
	乾隆四十五年	1780年	乾隆皇帝70寿辰，六世班禅行程一年，来热河为乾隆祝寿。同年建烟雨楼，戒得堂
	乾隆四十六年	1781年	建鹫云寺、立绿毯八韵墙于万树园。烟雨楼、戒得堂、广元宫竣工
	乾隆四十七年	1782年	建汇万总春之庙。七月下旬，乾隆书《避暑山庄后序》
	乾隆五十五年	1790年	乾隆80寿辰。避暑山庄举行了盛大祝寿活动。放河灯、演大戏，万树园放烟火，乾隆皇帝接见各少数民族首领。始建山庄的最后一座建筑继德堂
	乾隆五十七年	1792年	继德堂竣工
	嘉庆二十五年	1820年	嘉庆皇帝病逝于避暑山庄
	咸丰十年	1860年	咸丰皇帝逃难到避暑山庄，并在烟波致爽殿西暖阁签批了丧权辱国的《中英北京条约》、《中法北京条约》、《中俄北京条约》
	咸丰十一年	1861年	咸丰病逝于避暑山庄。慈禧发动了“辛酉政变”

图书在版编目（CIP）数据

承德避暑山庄／傅清远撰文/摄影. —北京：中国建筑工业出版社，2013.10

（中国精致建筑100）

ISBN 978-7-112-15721-1

Ⅰ. ①承… Ⅱ. ①傅… Ⅲ. ①承德避暑山庄–建筑艺术–图集

Ⅳ. ① TU-862

中国版本图书馆CIP 数据核字（2013）第189470号

责任编辑：董苏华 张惠珍 孙立波

技术编辑：李建云 赵子宽

图片编辑：张振光

美术编辑：赵 清 康 羽

书籍设计：瀚清堂·赵 清 周伟伟 康 羽

责任校对：张慧丽 陈晶晶

图文统筹：廖晓明 孙 梅 骆毓华

责任印制：郭希增 臧红心

材料统筹：方承艺

中国精致建筑100

承德避暑山庄

傅清远 撰文/摄影

中国建筑工业出版社出版、发行（北京西郊百万庄）

各地新华书店、建筑书店经销

南京瀚清堂设计有限公司制版

北京顺诚彩色印刷有限公司印刷

开本：889×710 毫米 1/32 印张：3 插页：1 字数：125 千字

2015年3月第一版 2015年3月第一次印刷

定价：**48.00**元

ISBN 978-7-112-15721-1

（24303）